有衣说衣
衣百搭

Clothing matching Tips
for Older Generation

"百穗舫微语丛书"编委会　编著

華文出版社
SINO-CULTURE PRESS

图书在版编目（CIP）数据

百穗舫微语丛书. 有衣说衣衣百搭 / "百穗舫微语丛书"编委会编著.
--北京：华文出版社，2012.10
ISBN 978-7-5075-3852-6

Ⅰ.①百… Ⅱ.①百… Ⅲ.①科学知识－中老年读物 ②服饰美学－
中老年读物 Ⅳ.①Z228.3 ②TS976.4-49

中国版本图书馆CIP数据核字（2012）第245438号

有衣说衣衣百搭

编　　著："百穗舫微语丛书"编委会
出版策划：李红强
责任编辑：罗　亭　　吴素莲
出版发行：华文出版社
地　　址：北京市西城区广外大街305号8区2号楼
邮政编码：100055
网　　址：http://www.hwcbs.com.cn
电子信箱：hwcbs@263.net
电　　话：总编室 010-58336239　发行部 010-58336270　编辑部 010-58336211
经　　销：新华书店
印　　刷：北京盛通印刷股份有限公司
开　　本：880×1230　1/32
印　　张：3.75
字　　数：30千字
版　　次：2012年11月第1版
印　　次：2012年11月第1次印刷
标准书号：ISBN 978-7-5075-3852-6
定　　价：16.00元

颐养天年

湯必寶

二〇二三年中秋

序

　　沈从文先生曾说，有一种东西永远会和老人做伴，即书本。书不仅会陪伴老人，还最容易使他们回复青春。

　　"百穗舫微语丛书"是一套专门为老人策划出版的图书，是一套从生活、心灵、修身、养性和娱乐等方面为老年人服务的系列通俗读物。是针对老年人热爱生活、渴望关注、喜欢交流等特点编著而成，老人看了既亲切又有成就感。

　　"百穗舫微语丛书"的出版对于关怀老人的工作具有积极的意义。这套丛书为老人精神文化的交流打开了一扇大门，同时为我们更好地了解和关爱老人开辟了一条新的途径。此丛书不仅对老年人，对其他年龄段的人也都不无补益，在书中的字里行间可以看到老年人的宽容、淡定、勤俭、爱劳作等优点，在家庭、社会、生活、工作等方面对我们也有所启迪。

　　我相信，关爱老人这朵文明之花一定会在我国绽放得更加灿烂，我国的敬老事业也一定能够不断开拓、创新，取得更大的成就！

何鲁丽

2012年重阳节

目　录

心　语

　　太阳朝升夕落，我们半百已过，不再年轻、依然向上，心中的太阳永不落——那就是一颗爱美的心。

　　打开自己的衣橱、拾起杂乱的佩饰、收拢无绪的包包、归集散落的鞋帽、打破清规戒律，随心、随意、随缘、随便搭出美丽、秀出风采，哪怕雷倒犀利哥，我们也不会出格。

　　老人也时尚、老人也追星、老人也爱美。我们最美。

2012年重阳节

服装讲究时间地点场合

1

不经意间三十而立、四十不惑、五十知天命、六十花甲，随着年龄的增长，平添了少许情愫，恐慌别人说老，但又不敢大大方方地装嫩。

其实大可不必在年龄面前慌不择路，我们也曾照彩云归，凭谁说廉颇老矣？

爱美之心人皆有之，不是神马浮云，这是人类几千年的生活总结，精辟、透彻、经典，黄金定律放之四海而皆准。

服装饰物不宜奢侈华丽，应追求品质，并与场合、背景、身份相吻合，以产生和谐美。

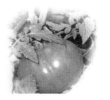

· 职 业 装 ·

2

职业装质地精良、版型挺括，多为深色系即黑、灰、蓝，职业装最讲究衬衣搭配，衬衣要求做工精细，质地柔软，面料以丝绸、雪纺最佳。

职业装可以为我们塑身、造型、美化形象，穿着笔挺的西装谁也不可能随地吐痰，身着合体的西服裙谁也不可能乱扔纸屑。

职业装真的是职场丽人最佳拍档，即便是退休后依然爱它没商量。

3

　　中老年穿职业装不适宜内搭抹胸吊带，会使得颈部显粗整体增肥；而尖领衬衫则会修正颈部、拔高形象。

4

黑红图案职业装，
搭配同色系衬衫、公文
袋，真的很有气场。

5

人到中年需要精心挑选与人生体验、生活阅历和行为教养相当，富有品质感和价值感的服饰，来为自己所处的知天命状态做出最精确的价值诠释。这款皮尔·卡丹风衣为74岁老人带来青春活力。

6

　　高品质的面料、精良的做工和精致的细节，并配上可以掩饰局部老态的华丽配饰，是这个年龄段老人必须坚守的原则。高品质的服饰为78岁原驻西藏的女兵带来不一样的注目礼。

7

　　黑色套裙百搭，不要局限经典搭配方式，可以尝试新思路新方法，创新才会进步。黑色套裙搭配淡粉色衬衫、红色衬衫都可以，搭错不可怕也不受罚，没什么，能导出传世佳作的著名导演不也有败走麦城的时候吗？

8

　　灰黑色西装裤很呆板，搭配一件灰粉色彩条T恤衫让80岁老者顿时减龄。T恤衫让人看起来清朗明快，简单重复的条纹给人强烈的视觉冲击力，打造出清爽形象。这是条纹T恤独有的魅力。

9

衬衫是职场人的必备单品，也是我们老年人的最爱，寻找出那些带一点点蕾丝或一点点绣花镂空工艺的衬衫，随心搭配简约的毛背心，会使人精神焕发。

10

　　中国科学院专家退休后时常也会有庆典活动，藏蓝色职业装搭白衬衫，显然与喜庆氛围不太协调，在兜口装饰一条粉色图案小丝巾，庄重中又露出一方喜庆。

11

几十年一成不变的西服套裙早已被审美疲劳，时尚连衣裙乘虚而入，黑红色系传统连衣裙被一条金色腰链撞出了复古与时尚的小火花。

12

花甲年龄，应是人衣合一的形象顶峰期，是可以用至尊形象对全社会行使影响力的，是任何一位在年龄上还没有完成修炼的女子所无法企及的高度，远在天边近在眼前，虽可以眼望心至，却不可以手触怀拥，只能企慕情境。

13

　　炎炎夏日，人们都习惯穿针织衫、T恤衫，甚至吊带背心，人到老年，既怕热又畏凉，那就试试穿这款短袖半高领针织衫吧，上装带里衬、直筒裙也带里衬，能更好抵御空调冷气，干练、清爽、舒适。

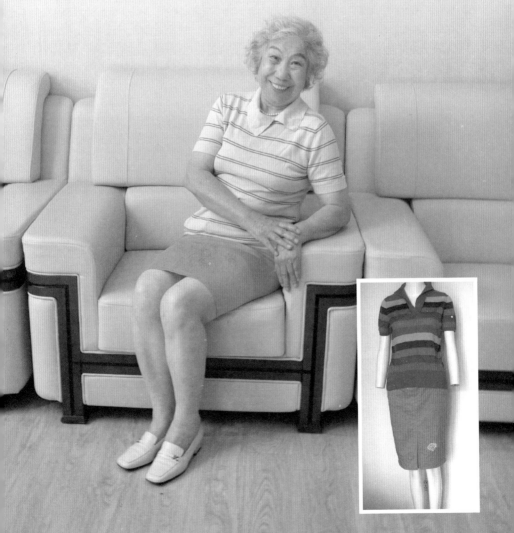

· 商务装 ·

14

商务装介于职业装与休闲装之间，极易混淆视听，判别的唯一标准就是上衣是否为制服式。职业装无论是套裙还是裤装必须是制服式，必须是深色系。色彩艳丽、款式怪异不全是休闲装但绝对不是职业装。

商务装比之职业装一般设计稍前卫，稍随意，什么双排扣、大翻领、蕾丝缀，但精髓还是精致经典。

15

　　一贯以职业装设计著称的皮尔·卡丹设计师，设计出这套红色手扦边长袖仿西装上衣，因为色彩过于艳丽，领口、兜口过于休闲，所以也只能把它归类在商务装之列。

16

　　小外套不是办公室OL们的专利，秋冬时节它上蹿下跳，什么连衣裙、超短裙、紧身裤、阔脚裤，逮谁搭谁，百搭百胜。我们老人也很喜欢它，不管是职业装还是商务装只要搭配到位，照样给力提气。

17

白色西服裙百搭，最简单的方法就是与黑色系搭配，省心省事省力省出错。白色珍珠项链、白色软皮鞋、手持黑色麦克高歌《重整河山待后生》，令人难以相信她已75岁高龄。

· 休闲装 ·

18

年过半百，应该随着年龄阅历和经济收入的增长，去慢慢地体味品牌，年龄越大积累的修养和阅历越多，平衡和驾驭品牌的能力也会越高。一流品牌之所以能成为一流，正是因为多少年的精华积累，使得这些东西凝聚出一种结晶，而这个结晶就是品质。

19

品牌不是用来炫耀的，是用来平衡内心世界的，是用来体验精神愉悦的。"你值得拥有"不只是一句广告词。半百女人，爱国、爱家、爱人，唯一缺少的就是爱自己。

20

　　花哨裙子，我们照样喜欢，但一定要搭配得当，那就是不能花对花，以素搭为好，养生还讲究荤素搭配，更何况穿衣养眼呢？或者索性一袭大花朵连衣裙与老伴（作曲家、钢琴演奏家）同台朗诵，那真的是美不胜收。

21

　　打造至尊形象，确实需要装嫩，装嫩原则是穿出自己的人生品质。任何带有廉价感的面料、首饰以及轻浮的行为，都会减轻我们的人生重量，可以减肥，但不能减品质。知天命，品质比数量重要，原则性比随意性重要。

22

长款毛衫不妨试试，瘦腿遮臀，效果极佳。四季皆宜。单穿很抢眼，轻快而可爱。

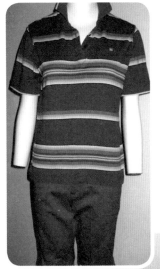

23

度假时，挑选一件针织毛衫或T恤衫，搭配七分裤以平衡上身的视觉膨胀感。扮酷谁都会，平衡是关键。老人们这样打扮真可爱。

· 运动装 ·

24

生命在于运动，打球、踢毽、慢跑、散步、旅游，太平盛世全民健身，运动装几乎人人一件。运动装的特殊属性决定了它充分考虑的是舒适度、大众性，忽略的是审美度、美化性，怎么办？

25

爱美就好办，外挎长带包包、关紧上衣拉链、足蹬鲜艳休闲鞋、头戴大檐帽且把帽檐握出酷型。这样方能平衡运动装的稀松，这样方能达到既要运动也要美丽的目的。

26

纯正的藏蓝色运动套装，一顶橘红色遮阳帽让人想起"网坛一姐"的拼搏精神和那穿心玫瑰的小纹身。个性张扬要有资本，年过半百低调为好，好汉不提当年勇，球场英姿只能封存在记忆中。

27

白色运动装深受中年人的喜爱，但运动装松垮、无形，只有内衬同色系蕾丝花边精致针织衫，才会将运动装穿出独特的味道。

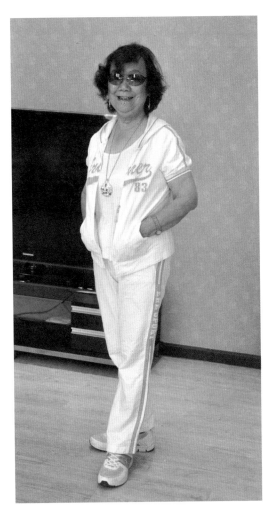

28

　　运动装大都镶彩条，彩条不光是为了装饰，也是为了显瘦，那就不能随便搭什么大花图案的、大粗条的，只能搭紧身竖条纹薄针织衫或吊带背心。

29

　　健身已成为当今最时尚的一种运动，运动裤、运动帽，这身装扮只能去健身、去运动，想偷懒都不行，因为运动帽限制了你的行为。

30

　　运动与时尚，利落清爽。运动装与优雅好似不搭，其实只要搭好照样可以显出优雅的形体。

31

　　运动装鲜有用武之地，但没有运动装是绝对不行的。在爬山、打球以及旅游活动中，穿着利落又无与伦比的舒适，关键是色彩搭配要协调。

· 家居服 ·

32

　　家居服就是居家过日子的服装，过日子就是普普通通平平淡淡，家居服并非一定要高档华贵，但须保持清洁，就是一件粗布衣熨烫平整，穿起来也会大方得体精神焕发。

33

用服饰调节心情，从小事细节入手，秀出自己秀出美丽，就会开心生活每一天。

34

　　中国女子的本色就是勤劳善良，只有恪守本分才会身心愉悦；只有爱惜小家才会热爱国家；只有自己动手才会丰衣足食。

　　感谢苍天厚爱给咱一个家，倦鸟归巢唱歌跳舞模特队，在"一福"这个家感觉真好。

35

　　鲜艳的色彩左右着自己的心境，感染着大家的心情，家居服要的就是互动效果，你着彩色上衣，我穿花哨裙子；你夸我好看，我夸你漂亮。大家开开心心在"一福"。

36

家居服不用刻意选购。外出旅游少不了一时冲动买回许多特色衣服，回家就穿不出去，留之无用弃之可惜。把它们从犄角旮旯找出来，洗干净，剪掉零碎，太花哨的配深色、太素净的配艳色、太夸张的系条围裙、太普通的贴个喜羊羊动漫帖，反正开心就好。看我们这些当年的美女，身着家居服，在家里引吭高歌《我是一个兵》。

第二节

服装注重颜色饰品搭配

37

　　衣服多也好少也罢，合理搭配才是重点。人们生活在社会大环境中，在不同的场合，扮演着不同的角色。职场丽人就应该西服革履，就应该以深色为主；医院天使就只能是白色衣裙，如果换成马靴牛仔，注射室肯定无人敢进；八宝山职工如果整天披红戴绿，那肯定会被众人指责；居家过日子，西服革履下厨房，岂不荒唐？旅游度假更不能西服革履，只能选择平时不敢穿的鲜艳服饰融入大自然、拥抱大自然。

38

　　色彩搭配，是人们约定俗成的惯例，具有深厚的社会基础和人文意义。穿着要充分考虑到时间、地点、场合的因素，否则不分场合、事由，即便着装得体也会不尽人意。

　　我们普通人无牌一身轻，怎么搭都没错，开心、快乐才是生活的真谛。

· 赤——真挚热情 ·

39

赤，红也。红旗、红军、红星、红领巾、红袖章、一颗红心两种准备。这就是我们这代人的红色记忆。

小贴士：红色已然炽热，搭配必须内敛、含蓄。

一袭中国红闪烁着金丝的光亮，满头银发编著着一生的沧桑。一个普通百姓、平凡老人竟有如此气场：那飞扬的神彩、那自信的笑容、那洋溢的慈祥。这是一种超越时空的美丽，是一种岁月雕琢凝固的永恒魅力。

40

红色革命、红色信仰、红色崇拜也曾给我们带来困惑和思考，最终的结果还是那红色纠结让人挥之不去。

这中国红就是我们心中永远的最爱。留住欢乐，留住红色。

41

红裙夺目、红裙热烈，74岁老人一袭红裙飘逸摇曳在舞台上，很动人很美丽。

42

红色，柔美而热烈，演绎得当，就是迷人童话中的圣诞老人，虽老却俏皮，受到全球男女老少之喜爱。饱和度极高的红色，不需要任何配色来平衡，占据整个造型，大胆而炙热，此时，年龄优势、淡定心态、柔和目光，却能将这浓烈红色化解为大爱无疆。

43

连衣裙是代表女子美丽与优雅的经典单品，不用花太多心思打扮就能穿出品位，还能改善体形的缺点，不要丢掉连衣裙。

44

红色是黑色永远的朋友。这两个对比鲜明的颜色用各自的个性互相衬托，相得益彰。不经意间演绎了司汤达的名著《红与黑》。

45

　　红粉搭配是青春活力的彰显，夸张的长款项链，颇有艺术感的小心思，让老人喜笑颜开。

· 橙——奉献真情 ·

46

橙、柠檬，家庭主妇都会用它们来吸附厨房冰箱里的异味。很奇妙，一片小小的橙皮，轻轻地擦拭炸过带鱼的炒锅，瞬间厨房就飘香四溢，专业人士称之为厨房卫士。其实它不过就是奉献自己的全部，去包容一切。

橙色，夕阳西下才会挥洒，给人温暖给人遐想，安静、平和，是中年女子的必须。

小贴士：橙色人称公益色，那就愈浓愈烈吧。

47

　　经历了包裹严严实实的寒冬季节，当第一缕春风袭来，老人也会迫不及待地换上春装，尽管老人耐得住寂寞，更深知春捂秋冻的哲理，但那柔软的质地、明媚的色彩令老人毫不犹豫地当即拿下这款春装。理性的装扮迎合了季节，绽放了心情，好聪明的老人。

48

　　白色直筒裤、橙色风衣，轻松自如地搭在身上，搭上一顶白色运动帽，不但成功转移别人的视线，还能更富有造型感。

49

　　白色直筒裤，橙色花衬衫，真的很养眼。

　　白色直筒裤，百搭。

50

　　橙色九分裤加彩条针织衫，颠覆了横条显胖的说法，为老年人平添几分朝气，这完全得益于这条质地精良、裤线笔挺的橙色九分裤。平底鞋虽然不像高跟鞋那样拥有瞬间提升气质的魔力，但它依然受到时尚界长期喜爱和追捧。因为它穿起来实在是太舒服了！

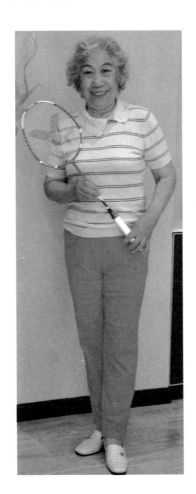

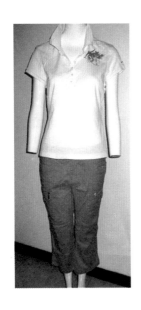

51

橙色彩条长款毛衫，在阳光下透彻、明亮。一股清新优雅的风拂面而来，积攒了许久的热情倾泻而出，难怪别人总问：今年你几岁？

52

橙色小外套，在阳光的映衬下，和谐、从容、俏丽。

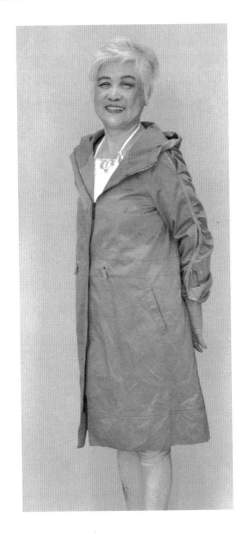

53

人在旅途一条色彩明靓的围巾，将翁老的愉悦心情尽情释放。

橙色大披肩披挂在94岁老人的身上，透着喜庆祥和，曾经的妇产科主任医师眉清目秀，满脸洋溢着幸福。

54

　　软皮鞋代表的时尚是一种不张扬的风格。它永远能够凸显你轻松自然的一面，低调而随性，它舒适得就像是脚掌的姐妹，是经典的休闲鞋款。它设计简洁，却能传递出非凡的优雅气质。

55

　　小披肩初春别样红，既抵御寒风又时尚出众。披肩在整体造型中起点睛作用。超炫丽的彩色披肩，无论搭配何款时装，都会整体感觉活泼，即使走在雪后萧瑟马路上，也能感觉到春天的气息。

56

羊绒衫，可谓贴身
的柔情，让肌肤真切体
会毛茸茸的温暖，忘却
烦恼，尽情享受温暖，
是送给自己最佳的春秋
礼物。

· 黄——燃烧激情 ·

57

　　黄，不知何时加色被历史强扭为一咒语。其实非也，炎黄子孙和紫禁城的明黄色，才是我们心底对黄色的烙印。我们是皇城根下的北京人，从小就好这明黄色。

　　小贴士：黄，金黄。金子、麦穗、沉甸甸。搭配忌轻，宜重。黄色只能点一点，金子不能贪多。

58

独具中国特色的春晚，让春天轰轰烈烈地向我们走来，服装能让我们的心，早早进入春天。

一件黄色T恤衫，在小合唱队形中是那样的耀眼夺目。

59

看老人的黄绿色碎花衬衫在舞台上多么艳丽。

60

年近八旬，仍不改喜花的习性，戴一顶开满碎花的小帽，即便寻觅不到桃花盛开的景象，也能将这春意戴在了头顶，美在了心中。

61

　　长款羽绒服，渐变色围巾，掩饰了年龄，再时尚的老年人，也不会恪守美丽冻人的信条，羽绒服既温暖又实用，只要合理搭配，也会在冬日留下倩影。

　　长款驼色羊绒大衣，掩饰腰身，咖色软皮鞋，动感十足。特常见的装扮，为老人带来一片赞扬声。

• 绿——侠骨柔情 •

62

　　绿色，是大自然最有生机的颜色。即使是一缕绿色也会给人无限动力，这就是大自然的永恒美丽。

　　小贴士：绿，祖母绿，无价宝。祖母级最佳配饰就是年轮。

63

　　绿色长裙与黑色长裙叠穿，伴随着老人走上舞台讴歌春天。

64

一条蓝绿色披肩，映衬着98岁老人慈祥的面容，真的是绿色心境、美好生活。老人思维敏捷，装扮脱俗，清爽中演绎出多少自信与自豪。

65

老人超酷的装扮，都是岁月沉淀和人生阅历散发出的宽容与大气。这是年轻人很难效仿和拿捏的。

66

旧衣新穿既环保又低碳，保证不撞衫。年轮褪色品位随心，就可以奇妙抚痕，自然减龄。

67

眼镜作为实用性的时尚装饰品，款式、颜色和材质日益精彩。戴上它会立刻使人联想起徐志摩的《再别康桥》。

68

　　宽大下摆展现不了窈窕曲线，但民族感印花图案融入休闲元素使大花朵裙情感洒脱，裙褶密集，造型犹如花苞，衬托着含蓄与柔美，高领单色毛衫，彰显气质，犹如《诗经》中的少妇游春。

　　满满的春光穿在身上，还有那出租车公司志愿者的帮助，我们真的去春游啦。

69

印象中，风衣是特工人员的工作服，充满了神秘。如今我们也都为自己选购了各种颜色的风衣，内穿高领长款毛衫，或者撞色衬衫，将领子竖起来，再配一副墨镜，那可真是帅呆了！

这款皮尔·卡丹玫瑰色风衣，复古太阳镜，则让大家眼前一亮。

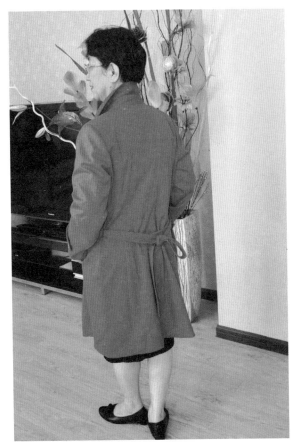

70

大面积花朵图案小风衣，幻若彩虹捉摸不定，驾驭得当就会让平凡老人也能以强大气场站在属于自己的生活舞台，不在乎是否有人喝彩。

71

　　衣服可以调节心情，舒适、合体的衣服会自我感觉良好，会抚平不开心的褶皱，会带心飞扬，任尔东西南北风。

　　人到老年，护颈、饰颈、出镜；舍腰、修腰、妖娆；护足、美足、足矣，乃是我们的穿衣之道。

· 青——壮志豪情 ·

72

青色，理智低调，给沉闷的都市带来一抹鲜活。

小贴士：青，非黑。青丝渐褪、鹤发童颜，配饰只有一件——童心。102岁老人笑容满面。

73

黑色中点缀数朵粉红色的玫瑰，喜庆中透露着沉稳，同色系发带，为这款传统衣裙锦上添花。

74

黑色西装裤真的是百搭，一枚红领结真给力；淡粉色围巾尽显指挥家艺术风采。

75

年过半百，免不了参加一些晚辈的喜庆典礼，什么结婚、生子、满月、乔迁，喜來不断，找出镶红喜庆唐装或旗袍，手握一款红包，点点银丝，微微笑容，充满爱意地听晚辈们说：祝您高寿，恭喜发财，红包快拿来！心里美滋滋地赶快掏钱，图的就是那喜庆、欢乐、祥和。

76

镂空外衣，
黑色衬衫，气场十
足，真是巾帼不让
须眉。如果再搭配
一款丝巾、一条手
链就会柔美许多。

77

　　黑白分明的一款围巾是老军人和老教师内心世界的真实写照，做人就讲究黑白分明。

78

　　红与黑搭配是老人永远的最爱。

79

　　颈间的一串项链，手上的一枚戒指，腕中的一只玉镯，都能使老人的风姿变化万千。要么整体感、要么跳跃感，感觉不是雍容华贵，就一定是楚楚动人。

80

　　黑色西裤、白色衬衫，黑白分明。强烈的色彩冲击，不容忽视的存在感，白色跳跃着穿插于沉闷黑色中。白与黑，是永恒的经典。

81

中国科学院退休专家，一套黑色西装不系传统领带，偏系一条小丝巾，顿时帅气许多，大家称他老帅哥。

82

老人最崇尚黑白分明，最反对是非颠倒。

83

"80后"老人对戴帽一词颇为敏感，历史曾赋予其沉重的含义……而今，改革春风将戴帽变幻为展现时尚风采的一种手法，庆幸历史巨变。

帽子的颜色与质地要与衣服相配。搭配与衣服同色调的帽子会显得特别精神特别可爱。

· 蓝——无限深情 ·

84

蓝，联合国维和部队官员的蓝帽子：无沿，爱，无国界。

小贴士：蓝天、白云、宽广、无垠、纯粹极致，配饰只能是精品。

85

源于本色提升质感，不羡慕花花世界，不稀图荣华富贵，用最普通的服饰，搭配出老人的风采，由内而发的就是淡定的气韵和从容。

86

秋季，爱美的老人喜欢裙角飞扬的优雅与时尚。其实，裙装也不是只要风度不要温度，只要选好质地、款式，裙子的保暖性与长裤、长衣相比毫不逊色，最关键的是还能加上保暖护膝，不管多厚的护膝都会在长裙的掩盖下不露痕迹，如果穿裤子就会暴露无遗。

87

　　所有的一流品牌，都是注入了几十年甚至上百年的心血才凝聚而成的瑰宝。一个品牌之下，哪怕一枚小小的纽扣，也是经过多少代的呕心沥血和睿智经营才浇铸而成。

88

　　品牌大衣用不着过分装饰，只要一枚胸针、一条丝巾足矣。

89

天蓝色仔裤、天蓝色石头手链，79岁老人赤足走在田埂上，就是潇洒。

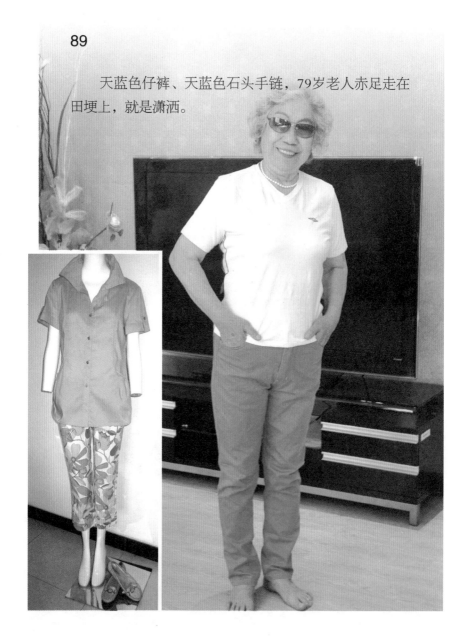

90

　　白衬衫、蓝裤子，潇洒的合唱团指挥，年近八旬指挥起来免不了大汗淋漓，一方天蓝色丝巾系在手腕，既可以擦拭汗水，又增添几分帅气。

91

旧时装，漫不经心的搭配，不过分又恰到好处的矜持，让人惊讶。驾驭这种超亮颜色的就是一种平和心态。

92

　　不刻意装扮才是搭配的经典，普通人也有范儿，范儿不是搭出来的，是由心底穿出来的。蓝色时装穿在中年人身上略微有些老气，但穿在这两位老人身上就使人眼前一亮——气质呀。

93

时尚装扮不在乎金银，而是色彩。橘红色原本就靓丽再加上老人们的笑颜，那简直就是一个靓呀。舞台上，再怎么花哨也不为过。

紫——浪漫爱情

94

传说女神维纳斯，当年与情人惜别，泪洒佛罗伦萨化作人间紫罗兰，演绎成紫色的独特魅力，浪漫朦胧。而98岁的老人则认为，最浪漫的事就是和他一起慢慢变老。

小贴士：紫色本就大气，配饰简单即可。

95

　　紫色与白色对比分明，极容易上重下轻，只需要加一款白色贴身吊带，就可以将白色上下贯通，从而使紫色低调许多。

96

紫色与黑灰色相搭，
真的非常低调耐品。

97

　　94岁老人把柔美的丝巾在巧手指尖随意系花、打结、别针，花样层出不穷，目的只有一个：为生活添彩，为心情添彩。

98

最能表现柔美的针织衫和丝巾，自然成了老人最心仪的装扮。爱美的98岁老人秀出属于自己色彩的装束，演绎着春日里的绚丽表情。

99

五颜六色的牡丹，早已失去了诱人的芳香，年过百岁（102岁）只留下一片心境，万紫千红，夕阳正浓。

100

　　赤橙黄绿青蓝紫，太阳的七色光芒照耀着自然界，也照亮了我们的好心情。爱长城、画长城的老人，虽没有玫瑰的妍丽，却有着灿烂的笑容和心境。

后 记

　　随着时间的流逝，服饰就像那一本本日记往事如昨，这些服饰不论价值高低都曾为老人带来过美丽。

　　当老人用双手抚摸着这些照片，记忆深处就会浮现出曾经美丽的瞬间和值得怀念的人和事，就可以与我们共同分享人生的美丽与情丝。

　　祝福老人爱老人。

2012年重阳节